AF362694

# PATURAGES & FORÊTS

## MISE EN VALEUR

### DES TERRES INCULTES

#### DU MASSIF CENTRAL DE LA FRANCE

Aurillac. — Imprimerie de A. PINARD, imprimeur de la Préfecture

RUE DE LA BRIDE, 8

# PATURAGES & FORÊTS

## MISE EN VALEUR

### DES TERRES INCULTES

#### DU MASSIF CENTRAL DE LA FRANCE

PAR

## F. GEBHART

INSPECTEUR DES FORÊTS

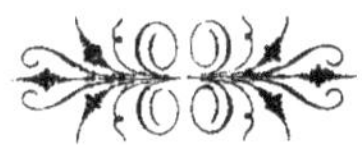

PARIS

BERGER-LEVRAULT, et C<sup>ie</sup> libraires-éditeurs, 5, rue des Beaux-Arts

MÊME MAISON A NANCY

M DCCC LXXXX

# PRÉFACE

Le titre de cet ouvrage nous paraît exprimer assez exactement l'idée qui nous a conduit à l'écrire et qui est celle-ci : encourager les habitants du massif central de la France à mettre les terres incultes en valeur par le reboisement, en leur offrant, comme compensation, comme prime, le pâturage dans la forêt, créé par la forêt.

Au premier abord, cette idée peut sembler paradoxale. Tout le monde sait que, dans les parcs, les arbres dégradent ou détruisent le gazon au-dessous d'eux et on se représente, de suite, le dôme épais de feuillage d'une forêt surmontant un sol couvert de feuilles mortes ou de mousses, sans herbes.

Mais les sols dont nous nous occupons ici ne peuvent être comparés à ceux d'un parc ou d'un bois; ce sont de vastes étendues de terrains impropres à la culture qui reçoivent la chaleur et la lumière du soleil sans produire autre chose que des bruyères, des fougères ou d'autres plantes aussi inutiles.

Et pourtant, sans parler des reboisements effectués par l'État dans les périmètres obligatoires, on y rencontre çà et là des bois semés ou plantés par des propriétaires doués d'initiative. Ces forêts montrent quel parti on pourrait tirer de ces vastes surfaces de terres incultes.

Les causes qui font obstacle à la mise en valeur par le

reboisement sont : la répugnance que les propriétaires éprouvent à restreindre le libre parcours des animaux, le manque de ressources pour entreprendre les travaux et, souvent, l'ignorance des moyens pratiques à employer et des essences à propager.

C'est pourquoi nous avons cherché à démontrer, et nous en sommes convaincu, que le reboisement favorise la production des herbes et peut même créer, dans des conditions favorables, des pâturages excellents.

Nous avons indiqué les procédés usuels les plus certains et les plus économiques, ceux qui ont fait leurs preuves dans la région.

Il fallait aussi parler des essences propres aux reboisements. Dirigeant depuis plusieurs années la pépinière domaniale d'Arpajon, nous avons eu souvent l'occasion de constater que beaucoup de propriétaires, doués d'excellentes intentions, se trompent absolument dans le choix des essences.

Les uns, par exemple, veulent créer une sapinière en plantant des sapins dans un terrain nu, ou espèrent faire une futaie de chêne en reboisant une bruyère avec cette essence. D'autres sont séduits par les arbres exotiques et cherchent à réaliser des expériences déjà faites, ou bien, exécutent des plantations avec un mélange compliqué d'essences dont les exigences sont toutes différentes comme sol, altitude, traitement, etc. Les plants, ainsi violentés, périssent en grand nombre, laissant après eux un reboisement manqué et un reboiseur découragé.

Après avoir déploré les erreurs de quelques-uns, il est juste de rendre hommage à l'intelligence et à la persévérance des propriétaires qui ont reboisé de grandes surfaces et transformé, peu à peu, en forêts, des terrains presque sans valeur. Ceux-là se sont constitué des propriétés productrices de revenus. Ils ont aussi rendu des services et méritent des éloges pour le bon exemple qu'ils donnent.

Nous nous sommes borné à indiquer et à recommander les essences qui nous paraissent les mieux appropriées au but à atteindre, renvoyant d'ailleurs aux traités de reboisements pour tout ce qui dépasse le cadre que nous nous sommes tracé. « *Pâturages et Forêts* » a été écrit pour les Maires qui voudraient se rendre utiles à leurs concitoyens en améliorant les terrains communaux et pour les propriétaires particuliers, grands et petits, qui possèdent des terres incultes dans le massif central.

L'herbe sous les pins

# PATURAGES & FORÊTS

## MISE EN VALEUR

### DES TERRES INCULTES

#### DU MASSIF CENTRAL DE LA FRANCE

## CHAPITRE PREMIER

*Terrains improductifs du massif central. — Subventions
accordées par l'État. — Sécherie domaniale de Murat. —
Pépinière centrale d'Arpajon. — Subvention départementale.
— Reboisements communaux. — Reboisements particuliers.*

**Terrains improductifs du massif central.** — Le massif central de la
France renferme de vastes étendues de terrains improductifs,
impropres à la culture et n'offrant pour la nourriture des
animaux que de faibles ressources.

Les départements du Cantal, de l'Aveyron, de la Lozère,
de la Haute-Loire, du Puy-de-Dôme, de la Corrèze, ont une
partie de leur territoire formé de landes, souvent couvertes de
bruyères que la nature siliceuse du sol dominant entretient
dans un état de végétation vigoureux.

L'étendue de ces terrains atteint, d'après le dernier recensement :

Dans le Cantal............ 73,919 hectares.
— l'Aveyron.......... 273,701 id.
— la Lozère .......... 242,173 id.
— la Haute-Loire ...... 66,255 id.
— le Puy-de-Dôme..... 160,923 id.
— la Corrèze.......... 165,334 id.

Soit une contenance totale de 982,305 hectares, à laquelle il convient d'ajouter une centaine de mille hectares, au moins, des départements de la Haute-Vienne, de la Creuse, de l'Allier, de la Loire, de l'Ardèche et du Tarn, dont des portions sont comprises dans le massif central.

Si nous considérons le massif au point de vue des roches qui forment ses terrains, nous en trouvons trois groupes donnant naissance à trois catégories de sols.

D'abord, les roches cristallophylliennes, telles que les granites, gneiss, micaschistes, phorphyres, etc., formant par leur désagrégation des sols siliceux contenant très-peu ou pas de chaux.

Puis, les terrains d'alluvion qui se présentent sous forme d'affleurements dans la Limagne, à Aurillac, au Puy, ou de vastes plateaux calcaires comme dans les Causses de l'Aveyron, de la Lozère, du Tarn.

Enfin, les roches volcaniques issues des volcans du Cantal, du Puy-de-Dôme, de la Haute-Loire, de l'Aveyron et comprenant les andésites, basaltes, phonolithe, conglomérats, andésitiques, labradorite, scories, tufs et cinérites, ont donné naissance à des sols très fertiles à cause de leur richesse en éléments chimiques variés et particulièrement en phosphate de chaux.

Ce classement des sols en siliceux, calcaires ou mélangés nous servira plus tard à choisir les essences à propager, et à apprécier les résultats à obtenir.

En tenant compte des terrains qui ne sont pas susceptibles d'être reboisés, ou ne peuvent l'être ni utilement, ni facilement, tels que rochers, sommets élevés au-dessus des limites de la végétation forestière, pâtures à conserver pour les moutons, périmètres dans lesquels l'État effectue actuellement des travaux, etc., nous ne pouvons guère apprécier à moins de 400,000 hectares la surface des régions improductives du massif central qu'il y aurait grand intérêt à mettre en valeur.

Le voyageur, appelé à parcourir ces vastes surfaces à l'aspect monotone et désolé, à peine animées par les troupeaux de moutons et de chèvres qui vont y chercher les jeunes pousses de la bruyère ou une herbe rare et courte, se demande comment il se fait que ces terrains soient abandonnés à la stérilité et pourquoi, par exemple, on ne les reboise pas. Cette question nous a été posée souvent et la réponse est facile. Ces terres appartiennent à des communes ou à des particuliers, qui en disposent à leur gré, et l'État n'a pas à intervenir et ne peut contraindre à reboiser quand le reboisement n'est pas nécessité par l'intérêt général.

**Subventions accordées par l'État.** — L'État intervient, cependant, en dehors de la création de périmètres obligatoires dont nous n'avons pas à nous occuper ici, en favorisant les reboisements par des allocations de graines et de plants, accordées quand l'opération n'a pas seulement pour but une simple mise en valeur, mais quand elle est utile au point de vue de la régularisation du régime des eaux ou du maintien des terres sur les pentes. Ces reboisements ont une grande importance, en raison de la configuration tourmentée du sol, des pentes considérables des versants, qui produisent des éboulements, et des déboisements qui résultent des mauvaises exploitations des bois et des abus du pâturage. Aussi, l'État a-t-il créé dans le Cantal la sécherie domaniale de Murat et la pépinière centrale d'Arpajon. Le Conseil général contribue également à l'œuvre du reboisement et vote annuellement une somme de 1,000 francs pour aider les communes à reboiser.

**Sécherie domaniale de Murat.** — La sécherie domaniale de Murat est destinée à la préparation des graines de pin sylvestre. Elle est située aux abords de la gare de Murat. Etablie en 1861 elle a été reconstruite en 1882 et améliorée. Elle se compose de quatre bâtiments : La sécherie proprement dite, le logement du régisseur et deux magasins pour les graines et les cônes.

La sécherie renferme l'étuve, la salle de manipulations, l'appareil de chauffage et le bureau du régisseur. Le calorifère est placé dans le sous-sol. Il est alimenté par les cônes dépouillés de leurs graines et mis en action par deux chauffeurs travaillant alternativement pendant 24 heures. L'air, échauffé dans un récipient en fer, appelé coffre de distribution de chaleur, est conduit dans l'étuve par deux tuyaux en spirale. L'étuve, construite en briques, est munie de deux grandes portes en fer se faisant face par lesquelles sont introduits les wagons, également en fer et roulant sur rails. Chacun de ces wagons, qui sont au nombre de deux, est chargé de **272** tiroirs en bois, à fond de grillage, et porte 90 hectolitres de cônes. L'un d'eux est en voie de chargement ou de déchargement dans la salle pendant que l'autre est dans l'étuve, où il séjourne de 30 à 60 heures suivant que les cônes sont secs ou verts, jusqu'à ce que ceux-ci soient bien ouverts. La température, réglée au moyen de soupapes qui amènent l'air chaud, doit être comprise entre 40° et 55°. Des ouvertures pratiquées dans les parois de l'étuve permettent de voir les thermomètres et de juger de l'état des cônes. Des avertisseurs électriques assurent le maintien de la température dans les limites prescrites, en cas de négligence.

Quand les cônes ont bien ouvert leurs écailles, le wagon est retiré; on lui substitue celui qui vient d'être chargé. Les tiroirs sont retirés et agités au-dessus de caisses dans lesquelles tombent les graines ailées. Celles-ci, après avoir été nettoyées, sont mises en magasin et ne sont désailées qu'au fur et à mesure des besoins. Le désailement s'opère dans des sacs, remplis au quart, que l'on bat avec des fléaux légers et que l'on agite. Les graines sont ensuite criblées et vannées.

L'approvisionnement de cônes a lieu par adjudication. Ils proviennent surtout des pineraies de la Haute-Loire et doivent remplir cette condition indispensable d'avoir été récoltés après le 1er novembre, quand la maturité est complète.

Les cônes vides qui ne servent pas au chauffage du calorifère sont vendus au prix de 0 fr. 25 l'hectolitre environ.

Dans la campagne 1888-1889, 12500 hectolitres de cônes, achetés à raison de 2 fr. 35 l'hectolitre, ont produit 5804 kilogr. de graine désailée. La sécherie, fonctionnant sans interruption, pourrait produire annuellement environ 18000 kilogr. de graine ailée.

Les graines désailées fournissent aux besoins des reboisements dans toute la France. Elles sont accordées gratuitement, à titre de subvention, aux communes et aux particuliers qui en font la demande avant le 1er juin pour les travaux d'automne et avant le 1er décembre pour les travaux du printemps. Chaque demande fait l'objet d'un rapport et d'une décision de M. le Directeur des forêts. Les destinataires ont à payer les frais de transport et les frais d'emballage, ainsi que la valeur des sacs. Ces derniers frais, payables à l'avance, sont déterminés par un tarif et s'élèvent à environ 3 francs par 100 kilogrammes.

La sécherie est placé sous les ordres du chef de cantonnement à Murat. Elle est dirigée par un régisseur, logé dans l'établissement, qui surveille les 10 ou 12 ouvriers nécessaires à la préparation des graines.

**Pépinière centrale d'Arpajon.** — La pépinière d'Arpajon, créée en 1862, est située à 2 kilomètres du village de ce nom, sur un plateau à l'altitude de 750 mètres traversé par la route départementale d'Aurillac à Mur-de-Barrez. Sa contenance est de 7ʰ 44ᵃ. Elle renferme une maison pour le logement du garde chargé de la surveillance des travaux, un hangar pour serrer les outils et fournitures et servant d'atelier pour l'emballage des plants, une grange et différentes annexes. Une pompe fixe, aspirante et foulante, amène les eaux d'un réservoir dans deux bassins, pour faciliter les arrosages qui se font à l'aide d'une pompe mobile. La surface cultivable, réduite à 6ʰ 04ᵃ par les allées, bâtiments, bassins, etc., forme 69 parcelles dont la plupart sont garnies de bordures de pin sylvestre destinées à servir d'abri.

Les opérations consistent, tous les ans, en travaux de

culture et de fumure du sol, semis et repiquages des plants de toutes les essences à l'exception des pins. Un roulement est organisé de façon à laisser en jachère les parcelles pendant une année sur 2 ou 3 de production.

Les essences propres aux reboisements dans la région sont seules cultivées, ce sont : Le pin sylvestre, le pin noir d'Autriche, le sapin, l'épicéa, le mélèze, le chêne, le châtaignier, le frêne et l'acacia.

Les plants sont accordés, en subvention, par décision de M. le Directeur des forêts, à raison de 1 franc le mille pour toutes les catégories, aux communes et aux particuliers qui en font la demande avant le 1er juin ou le 1er novembre de chaque année.

Les plants sont délivrés, sans subvention, à des prix fixés par un tarif approuvé tous les ans. L'ordre d'expédition est délivré au vu de la quittance du Receveur des domaines, après paiement du prix de la fourniture. Les plants sont transportés à la gare d'Arpajon et le destinataire paie les frais de transport à partir de cette gare.

La pépinière a expédié, en 1889 :

> 77,000 plants pour l'État.
> 477,000 id. pour les communes.
> 434,900 id. pour les particuliers.

Soit un total de 988,900 plants, dont 948,325 d'essences résineuses et 40 575 d'essences feuillues.

**Subvention départementale.** — Le Conseil général du Cantal alloue annuellement un crédit de 1,000 francs sur les fonds départementaux pour aider les communes dans l'œuvre du reboisement. Cette somme est répartie par M. le Préfet, sur la proposition des agents forestiers, entre les communes qui en ont fait la demande.

Les travaux sont exécutés sous la direction du service forestier et les ouvriers payés par ses soins; on peut donc dire que les communes n'ont que la peine de demander, ce qui rend encore plus regrettable l'abstention du plus grand nombre d'entre elles et la résistance opiniâtre de quelques-unes.

**Reboisements des terrains communaux.** — Il n'existe pas de périmètre de reboisements obligatoires dans le Cantal, bien que le relief du terrain soit partout accidenté et présente beaucoup de versants en pentes rapides. Les travaux de gazonnement et de reboisement y sont moins nécessaires que dans d'autres régions. Nous ne voulons pas dire qu'il n'existe pas, dans le Cantal, de terrains susceptibles d'être transformés en périmètres obligatoires. Nous citerons comme exemple le bassin de la Truyère qui a été étudié en 1877. Les travaux de reboisement y présentent, au point de vue de l'intérêt général, un degré d'urgence assez considérable, mais moindre que dans d'autres départements.

Les reboisements effectués dans les terrains communaux sont donc facultatifs et l'Administration ne peut intervenir auprès des communes que pour les engager à reboiser et leur en fournir les moyens. Mais, la crainte de voir réduire l'étendue des landes consacrées au parcours empêche le plus souvent les municipalités d'entrer dans la voie du reboisement qui leur est si largement ouverte. Les bois du Cantal, les arbres de lisière, suffisent à la consommation locale; les coupes trouvent peu d'amateurs, à cause des difficultés de vidange et de l'éloignement des centres de consommation. Aussi, la création et l'amélioration des forêts ne sont-elles pour les habitants du Cantal que d'un intérêt secondaire, tandis que l'extension du pâturage est l'objet de toutes leurs préoccupations.

Dans la période des 10 années qui se sont écoulées de 1880 à 1890, les communes du Cantal ont reboisé, en moyenne, 26 hectares par an. C'est peu, eu égard aux surfaces susceptibles de reboisement et aux avantages offerts.

**Reboisement des terrains particuliers.** — Les propriétaires particuliers, aidés par les subventions de l'État, ont reboisé, de 1880 à 1890 une moyenne annuelle de 72 hectares.

Si nous rapprochons ce chiffre de celui de 26 hectares relatif aux reboisements communaux, nous voyons que les reboisements particuliers sont poussés avec plus d'activité et, cependant, les communes possèdent environ six fois plus de terres improductives que les particuliers. La raison de cette disproportion est facile à saisir. Le propriétaire profite avec empressement des avantages accordés par l'État pour créer, à peu de frais, une propriété productive pour lui et les siens.

Au contraire, dans le cas d'un terrain communal, l'intérêt des générations à venir est mis en balance avec la nécessité de réduire l'étendue des pâturages et, par suite, le nombre des bestiaux que chacun y envoie. L'intérêt particulier est ici en lutte avec l'intérêt général et l'emporte le plus souvent.

# CHAPITRE II

*Pourquoi les communes reboisent peu. — Production simultanée
de l'herbe et du bois. — Exemple; semis de pin de la
commune d'Allanche. — La Pinatelle.*


**Pourquoi les communes reboisent peu.** — Nous avons tenu à faire
connaître les moyens mis à la disposition des communes et des
propriétaires particuliers pour faciliter les reboisements. Nous
avons aussi constaté que les résultats obtenus ne sont pas en
proportion avec l'étendue des terrains stériles et avec les
avantages offerts. Les communes montrent, en général, fort
peu d'empressement et, souvent, les sollicitations des agents
forestiers se heurtent à des refus ou à une inertie calculée.

Le motif est partout le même; reboiser un terrain communal
à l'aide d'une subvention, c'est le soumettre au régime forestier
en vertu des dispositions du décret du 11 juillet 1882 portant
règlement d'administration publique pour l'exécution de la loi
du 4 avril 1882 sur la restauration et la conservation des
terrains en montagnes. C'est accepter à l'avance la réglemen-
tation des coupes et du pâturage et, en tous cas, soustraire le
terrain au parcours des bestiaux jusqu'à l'époque où le
repeuplement est devenu défensable.

Pour le propriétaire particulier comme pour les communes,
reboiser, c'est substituer la forêt aux pâturages, c'est produire
du bois, quelquefois trop abondant déjà eu égard aux besoins
de la population, et diminuer la quantité de l'herbe qui nourrit
les vaches, les moutons, et procure des bénéfices immédiats.
Il y a antagonisme entre la production du bois et celle de la
viande et du lait et, en attendant, les friches couvertes de
bruyères restent terrains à peu près improductifs.

**Production simultanée de l'herbe et du bois.** — Le moyen de concilier ces intérêts si différents, si ennemis, n'existe-t-il pas?

Nous sommes persuadé qu'il existe et que, dans la plupart des cas, on peut faire, à la fois, produire à une friche du bois et de l'herbe; on peut constituer un capital de bois d'œuvre et de bois de chauffage qui va en s'accroissant et donner naissance à une végétation herbacée plus ou moins abondante. Ce moyen, c'est de créer une futaie claire de pin sylvestre ou de mélèze et nous allons chercher à en démontrer l'efficacité.

Observons ce qui se passe quand on reboise une lande couverte de bruyères à l'aide d'un semis ou d'une plantation de pin sylvestre. Les jeunes plants végètent d'abord au milieu de la bruyère, protégés par elle, quelquefois tués, quand elle est trop épaisse. Puis, il arrive un moment où, prenant un accroissement plus rapide, ils la dominent et la privent de lumière à leur tour. La bruyère meurt et disparaît au pied des jeunes arbres et ne subsiste plus que sur les places vides où la lumière arrive librement. Enfin, les branches latérales s'étendent et se rejoignent, le couvert est complet et la bruyère abandonne définitivement le sol, qui va s'améliorer progressivement, par l'apport continuel des aiguilles, puis des menues branches qui tombent dans l'élagage naturel résultant de l'état de massif.

Le fourré de pin devient gaulis, puis jeune perchis, le fût des jeunes arbres se forme par la chûte des branches basses, le couvert s'élève de plus en plus. Si, vers cette période de la croissance du massif, une trouée se produit par l'effet du vent, de la neige, d'une éclaircie trop forte ou d'une autre cause, on ne tarde pas à voir la végétation herbacée prendre possession du sol en dessous des vides ouverts dans la voûte formée par les cîmes des pins. Les semences des graminées, apportées des environs par le vent, germent dans le sol amélioré et donnent naissance à un gazon de plus en plus fourni. Tout le monde a pu observer ce que nous venons de dire mais il est utile d'en citer des exemples.

**Exemples : Semis de la commune d'Allanche.** — La commune d'Allanche (arrondissement de Murat) a fait exécuter en 1863, un semis sur 83ʰ 76ᵃ, au canton dit Rochegrande, à l'aide d'une subvention de graines de pin sylvestre fournie par l'État. Le sol était entièrement recouvert de bruyères, sans herbe. Le semis réussit et produisit un beau perchis, éclairci pour la première fois dans la période de 1876 à 1880. En 1873, le bois de Rochegrande a été partagé en plusieurs parcelles par des laies sommières d'un dévoloppement total de 4900 mètres. Le vent et la neige ont produit çà et là des trouées. Aujourd'hui, et depuis longtemps déjà, les laies sommières et les trouées sont couvertes d'une herbe abondante et de bonne qualité. La démonstration est complète, on ne peut faire cette objection que l'herbe existait antérieurement et les terres voisines, non reboisées, sont couvertes de bruyères comme le canton de Rochegrande l'était avant le reboisement.

La section d'Allanche possède, en outre, 78ʰ 13ᵃ reboisés de la même manière de 1885 à 1887, et les différentes sections de la commune d'Allanche (Le Bac, Condour, Chavanon, et Combalut, etc.,) ont également créé des forêts d'une étendue de 81ʰ 64ᵃ au moyen de reboisements effectués de 1878 à 1887. Les administrateurs de cette commune ont compris toute l'utilité des reboisements et ont enrichi le territoire communal.

**La Pinatelle.** — Un autre exemple démontre le parti que l'on peut tirer d'une futaie très claire de pin en plein rapport de bois et d'herbe.

Le massif de la Pinatelle est une vaste forêt de pin sylvestre, de la contenance totale d'environ 1200 hectares, située, entre Murat et Allanche, sur un plateau ondulé, à l'altitude moyenne de 1100 mètres. La futaie y est généralement claire, parfois clairiérée et offre alors l'aspect d'un pré-bois. Le terrain, couvert d'un herbe épaisse, est parcouru par des troupeaux de bêtes à cornes et de chevaux dont le nombre s'est élevé à 1140 têtes en 1889.

La Pinatelle fournit environ 1100 mètres cubes de bois par an sous forme de coupes à blanc étoc et d'éclaircies. Elle est, à la fois, un pâturage et une forêt et constitue une ressource des plus précieuses pour les habitants des communes et sections de communes auxquelles elle appartient. La régénération naturelle s'y produit très lentement; il a fallu en venir franchement aux repeuplements artificiels et faire des plantations de pin d'Auvergne, de mélèze et d'épicéa. Le mélèze et l'épicéa réussissent beaucoup mieux que le pin, et, dans l'avenir, la Pinatelle sera transformée en une futaie de mélèze et d'épicéa, à l'exclusion du pin dont la végétation est médiocre à 1100 mètres d'altitude.

Dans le département de la Haute-Loire, il existe aussi beaucoup de forêts analogues à la Pinatelle, plus ou moins garnies d'herbe, suivant la nature et la fraîcheur naturelle du sol, mais donnant toujours des résultats satisfaisants. Les propriétaires de ces forêts en tirent des produits en bois très rémunérateurs. Ils exploitent les perchis vers l'âge de 25 ans, pour faire des étais que les compagnies minières recherchent avec empressement.

La production de l'herbe à la suite des reboisements est aussi très manifeste dans les périmètres de la Haute-Loire et toujours avec une réussite correspondante à la fraîcheur et à la nature du sol.

Dans la Corrèze, plusieurs propriétaires ont fait des plantations de mélèze, en montagne, et ont obtenu, sous le perchis, une herbe fine et abondante renfermant les bonnes espèces de pâturages.

Nous citerons encore comme dernier exemple la forêt domaniale de l'Eclache, faisant partie du territoire de la commune de Tortebesse (Puy-de-Dôme) et de la contenance de 53 hectares. Elle est située en plateau, à l'altitude moyenne de 750 mètres, sur un sol granitique assez frais. L'origine du perchis actuel est une plantation de mélèzes, épicéas, pins sylvestres et pins d'Autriche faite il y a environ 30 ans. Ce perchis a été en partie éclairci; les mélèzes ont acquis une circonférence maxima de 0$^m$ 60. Les pins d'Autriche dépérissent, probablement par le défaut d'éléments calcaires dans le sol.

L'herbe se montre sous le couvert des mélèzes et des pins, plus abondante sous les mélèzes que sous les pins et dans le perchis éclairci que dans la partie restée intacte.

Autour de la forêt, les terres vagues sont couvertes de bruyères. Dans la forêt, il n'en existe pas, elles ont été remplacées par l'herbe et la présence des mélèzes a manifestement favorisé la production de la végétation herbacée.

# CHAPITRE III

*Nature des herbes qui croissent sous le couvert. — Causes qui favorisent leur production. — Accroissement de l'humidité. — Amélioration du sol. — Influence de l'état primitif du terrain.*

**Nature des herbes qui croissent sous le couvert.** — On pourrait objecter que l'herbe crue sous le couvert des pins est de mauvaise qualité ou peu abondante.

Les expériences que nous avons faites, en juillet 1889, dans la forêt communale de Chalinargue sont de nature à lever tous les doutes. Des bottes de fourrage ont été coupées, au hasard, sous cette futaie claire de pin sylvestre, et voici la liste complète des plantes qu'elles renfermaient :

Avena *pubescens, flavescens, pratensis* et *eliator* (Avoines fromental;) Holcus *mollis* et *lanatus* (Houlque;) Anthoxanthum *odoratum* (Flouve;) Aira *flexuosa* et *cæspitosa* (Canche;) Brisa *media* (Brize moyenne;) Lolium *perenne* (Ray-Gras;) Phleum *pratense* (Fléole;) Festuca *pratensis* (Fétuque;) Poa *pratensis* et *nemoralis* (Paturin;) Alopecurus *pratensis* et *geniculatus* (Vulpin;) Bromus *mollis* et *arvensis* (Brôme;) Dactylis *glomerata* (Dactyle;) Scabiosa *succisa* et *arvensis* (Scabieuse;) Lathyrus *pratensis* (Gesse;) Vicia *cracca* (Vesce;) Trifolium *arvense, pratense* et *agrarium* (Tréfles;) Plantago *media* (Plantin;) Alchemilla *vulgaris* (Alchemille;) Leucanthemum *vulgare* (Grande Marguerite.)

Ce sont bien là les graminées, les papilionacées et les quelques plantes accessoires d'autres familles qui peuplent les pâturages de montagnes. Nous ajouterons que ce fourrage est considéré dans le pays comme étant de très bonne qualité et le bon état de santé des nombreux bestiaux qui se nourrissent dans le massif de la Pinatelle en est la preuve.

Si l'herbe est bonne, elle n'est pas moins abondante. Nous l'avons fait faucher, sur diverses places d'expériences, puis peser, et les résultats ont été les suivants : 16500 k. gr. sous une futaie d'environ 80 ans et 4500 k. gr. sous un perchis de 30 à 40 ans.

**Causes qui favorisent leur production.** — Après avoir constaté que la végétation herbacée s'installe d'elle-même sous le couvert léger des pins ou des mélèzes et y prospère, il est naturel de se demander quelles sont les causes déterminantes de ce changement dans les productions du sol.

En premier lieu, nous trouvons la disparition de la bruyère, qui permet à d'autres plantes de prendre sa place, puis la fraîcheur entretenue sur le sol par le couvert.

**Accroissement de l'humidité.** — La surface du terrain, même sous l'ombrage léger des pins est frappée moins directement par les rayons du soleil; l'air est plus calme et plus froid qu'ailleurs; il est aussi plus humide. L'humidité relative de l'air est plus grande d'environ 5 0/0, en moyenne, sur un sol boisé que sur un sol nu. Cet air est plus près de son point de saturation de vapeur d'eau. Les abaissements de température y rendent des condensations plus intenses et plus fréquentes qu'ailleurs sous forme de rosée et de brouillard. C'est surtout pendant l'été que cette humidité relative atteint son maximum et dépasse de 8 0/0 l'humidité relative de l'air sur les terres nues. Cette humidité de l'air sous le couvert contribue, avec les causes énumérées plus haut, à diminuer l'évaporation du sol, à lui donner et à lui conserver sa fraîcheur éminemment propre au développement de la végétation herbacée. Sur un sol débarrassé des bruyères et tenu frais, les graines de plantes fourragères, apportées par le vent ou par toute autre cause, germent et donnent naissance à des plantes qui se propagent de proche en proche à mesure que se complètent les conditions de leur ex'stence. Cette prise en possession du terrain par des espèces variées n'est pas l'œuvre d'un jour, mais nous verrons plus loin qu'il est possible de l'accélérer dans le but pratique de la production du fourrage.

**Amélioration du sol.** — Lorsque le terrain est nu, la mince couche de terre végétale, formée par la désagrégation des roches et les détritus des végétaux, se réduit en poussière par la sécheresse et disparaît, emportée par le vent, dans les dépressions où elle s'accumule.

Le sol boisé, au contraire, ne se dessèche plus autant, car les arbres font obstacle au vent, les détritus, produits par la chute des aiguilles, se fixent et forment une couche de terreau hygroscopique qui reste sur place et augmente d'épaisseur. Il change d'état physique, s'améliore, se fertilise et devient propre à nourrir des plantes plus exigeantes que les bruyères.

Voulons-nous dire par là qu'un sol quelconque donnera naissance à une végétation herbacée abondante, quelles que soient sa composition chimique et sa fraîcheur naturelle résultant de sa perméabilité, de la pente, de l'exposition, etc.?

Assurément non.

**Influence de l'état primitif du terrain.** — Il est évident, à priori, et les exemples le démontrent partout, que l'herbe sera surtout abondante sur les sols riches en éléments chimiques variés et contenant de la chaux, tels que les sols d'origine volcanique : basaltes, andésites, pouzzolanes, phonolithe, conglomérats andésitiques, scories, tufs, cinérites, etc. Elle sera abondante, même si le terrain est naturellement sec et peu profond, car le changement d'état physique produit par le couvert lui donnera de la fraîcheur et augmentera l'épaisseur de la terre végétale.

L'herbe paraît d'autant plus vite que le sol est naturellement moins sec et, s'il est quelque peu frais, on voit les *carex*, comme premiers représentants de la végétation herbacée, se mélanger à la bruyère avant l'époque de sa disparition complète.

La Pinatelle, dont nous avons parlé plus haut, est située sur un terrain d'origine basaltique très propre à devenir fertile quand il est mis à l'abri des causes de stériliié produites par la dénudation.

Sur les sols granitiques, partout où le terrain conserve une certaine fraîcheur par suite de la situation en plateau ou en pente faible, aux expositions du nord et de l'est, la bruyère disparaît rapidement. Elle est remplacée par une herbe qui débute par les *carex*, la fétuque ovine et les graminées les plus rustiques des régions pastorales.

Dans ces mêmes terrains granitiques, si l'exposition et la pente font que la fraîcheur n'existe presque pas dans le sol, et ce sont là les conditions les plus défavorables que l'on puisse rencontrer, les herbes qui remplacent la bruyère sont de médiocre qualité et ne se composent guère que de *carex* et de fétuque ovine. Si le peuplement est trop fortement éclairci et si un pacage abusif vient détruire les herbes, il y a grandes chances que la bruyère reparaisse. Dans ces conditions très défavorables, qui sont celles, par exemple, des versants des montagnes de la Margeride situés aux expositions chaudes, il est clair qu'il ne faut pas demander au sol plus qu'il ne peut donner. Là, il est nécessaire de conserver des massifs assez serrés et d'avoir surtout en vue la production du bois. Nous le répétons encore, mieux vaut du bois que la bruyère, ou une herbe rare et médiocre que le sol dénudé.

Quant aux terrains franchement calcaires, la végétation herbacée se produit toujours, plus ou moins abondante suivant la fraîcheur première du sol et grâce à l'amélioration de son état physique.

En résumé, l'effet utile que nous cherchons à provoquer se produit d'autant plus vite et mieux que le sol renferme plus d'éléments minéraux de fertilité et se trouve être naturellement plus frais. Mais, dans les conditions les plus contraires, le sol s'améliore toujours, parce que son état physique se modifie et que sa fraîcheur augmente.

# CHAPITRE IV

*Choix des essences. — Le pin sylvestre. — Le mélèze*
*Le pin d'Autriche. — L'épicéa.*


**Choix des essences.** — Nous avons essayé de démontrer que
l'herbe se produit naturellement sous le couvert et nous avons
choisi comme exemple le couvert du pin sylvestre, puis celui
du mélèze. Le moment est venu de nous expliquer sur la
préférence que nous accordons à ces essences.

N'oublions pas qu'il s'agit de reboiser des terrains privés
de végétation forestière, rarement calcaires, situés à des
altitudes très différentes mais généralement comprises entre
500 et 1400 mètres.

Nous devons donc écarter de suite les essences feuillues,
dont les semis ou les plantations, dans les conditions que
nous venons d'énumérer, sont très difficiles, souvent impos-
sibles à réussir et, en tous cas, très coûteux. Le bouleau,
même, ne convient pas. Son couvert est trop léger, il ne
détruit pas la bruyère, ou si incomplètement que le résultat
est toujours médiocre.

Parmi les essences résineuses, le sapin doit aussi être
rejeté. Les jeunes plants, d'un tempérament délicat, exigent
un abri pendant plusieurs années et ne peuvent vivre sur les
terres dénudées.

Nous sommes donc conduit à faire un choix parmi les
essences résineuses propres aux reboisements dans la région,
c'est-à-dire : le pin sylvestre, le pin d'Autriche ou pin noir, le
mélèze et l'épicéa.

Le pin sylvestre, surtout, réunit à un haut degré les
conditions désirables. Il réussit également bien, et très facile-

ment, par semis ou plantations, et n'exige pas d'abri ; c'est par excellence l'arbre de la lumière. Son aire d'habitation est très étendue. Dans le massif central, il peut prospérer à des altitudes très différentes jusque vers 1200 mètres. Il se contente des sols les plus ingrats, siliceux ou calcaires.

Ses produits ligneux sont de bonne qualité ; son couvert léger possède la faculté d'abriter la végétation herbacée, sans la tuer comme l'épicéa, et permet d'élever sous sa protection les essences à tempérament délicat, le sapin par exemple. Enfin et surtout, l'expérience est faite dans les grands massifs naturels ou créés de la région.

Le pin d'Autriche convient, à l'égal du pin sylvestre, mais dans les sols calcaires seulement. Dans les sols siliceux, après avoir pris dans sa jeunesse un développement rapide et trompeur, il dépérit de très bonne heure.

Le couvert du mélèze favorise remarquablement la végétation herbacée et en fait l'arbre des prés-bois et des pâturages sous-bois.

On l'emploiera donc avec succès, mais seulement dans les terrains frais et au dessus de 900 mètres d'altitude environ ; En dessous, il croit rapidement mais il y a lieu de craindre une diminution dans sa longévité et les qualités de son bois.

Sur les terrains d'origine volcanique du Cantal, tels que ceux de la Pinatelle, par exemple, les plantations de mélèze réussissent fort bien et il est à prévoir que cette forêt (altitude moyenne 1100$^m$) sera, dans l'avenir, formée d'épicéas et de mélèzes. Les propriétaires particuliers reboisent de plus en plus à l'aide du mélèze et les demandes de plants de la pépinière d'Arpajon augmentent d'année en année.

L'épicéa a le couvert épais. En massif, il améliore le sol ; détruit la bruyère, mais la végétation herbacée ne peut s'installer à sa place. Si l'on voulait éclaircir fortement le perchis, on obtiendrait un abri irrégulier, avec ce grand inconvénient que les épicéas, isolés les uns des autres, offriraient aux vents une proie assurée, en raison de la nature traçante de leurs racines qui les rend faciles à renverser.

Dans les sols trop humides pour que les semis ou les

plantations de pin puissent réussir, on pourra employer les épicéas avec succès, mais en les disposant sur le terrain d'une manière particulière qui consiste à les planter, par places larges de plusieurs mètres, en mélange avec des plants d'épines. Les épines écartent le bétail; la plantation se défend elle-même de bonne heure. Plus tard, les épicéas se prêtent appui et forment dans le pâturage des îlots assez forts pour résister aux vents. Il faut avoir soin de proportionner l'étendue des places aux dangers que les vents habituels dans la station peuvent leur faire courir. Ce procédé donne d'excellents résultats dans le Jura pour la création des prés-bois.

Dans le massif central, l'épicéa n'existe pas à l'état spontané, mais constitue déjà quelques jeunes massifs provenant de reboisements, notamment dans le Cantal entre 1000 et 1300$^m$ d'altitude.

L'épicéa étant une essence des hautes altitudes, il est bon de ne pas le propager en dehors de la région du sapin, si ce n'est au dessus. Ceci n'a d'ailleurs rien d'absolu, car peu importe que la longévité des épicéas soit réduite si on veut les exploiter relativement jeunes.

En résumé, selon les conditions variées que les terrains peuvent offrir, on choisira le pin sylvestre, le mélèze ou le pin d'Autriche pour obtenir des pâturages sous bois, ou bien ces essences et l'épicéa pour créer des prés-bois formés de massifs compactes isolés.

**Le pin sylvestre.** — Le pin sylvestre *(pinus sylvestris)*, appelé souvent pin de Haguenau, pin d'Auvergne, pin du Nord, pinasse, etc., est l'une des essences les plus précieuses, parce qu'il se prête avec grande facilité aux reboisements et se montre très peu exigeant au point de vue du sol, de l'altitude et des différentes conditions de la végétation.

On le rencontre, à l'état spontané, en grands massifs, dans les plaines du Nord de l'Europe, ou dans les régions montagneuses de moyenne élévation. La riche forêt de Haguenau (Alsace-Lorraine) comprend un massif de pin d'une étendue de 10000 hectares. En France, on le rencontre à partir de 200 mètres d'altitude et jusqu'à 2000 mètres dans les Pyrénées.

Son aire d'habitation est donc des plus étendues. Les terrains compactes, argileux et humides lui sont contraires. Mais il réussit bien dans les terrains calcaires et préfère surtout les terrains siliceux; il vit dans les sables presque purs.

La floraison du pin est monoïque. Le cône reste très petit la première année, grossit au printemps suivant et atteint sa maturité vers le mois de novembre. La chaleur du printemps fait entrouvrir les écailles qui laissent échapper des graines garnies d'une aile que le vent transporte au loin. La fructification a lieu vers la 40ᵉ année quand l'arbre se trouve dans les conditions normales de végétation.

Le feuillage, composé de minces aiguilles, ne produit qu'un couvert léger. Les jeunes plants, très robustes dès leur naissance, croissent vigoureusement en plein découvert. Au contraire, sous le couvert, dans les conditions qui seraient indispensables au sapin, il végète misérablement et meurt au bout de 3 ou 4 ans.

Le pin est fortement enraciné dans les sols profonds; ses racines ne sont traçantes que dans les sols superficiels; aussi est-il beaucoup moins exposé que l'épicéa à être renversé par le vent, au printemps, quand la fonte des neiges ou les pluies persistantes ont détrempé le sol.

Dans des conditions de végétation favorables, le pin atteint facilement 33 mètres de hauteur et 1 mètre de diamètre à la base. Dans le plateau central de la France, ses dimensions sont moindres, mais la lenteur de la croissance à des altitudes considérables donne à son bois une résistance et une élasticité, par la multiplicité de ses minces couches d'accroissement, qui le rendent précieux à l'égal du chêne.

Le pin occupe dans le Cantal 2,400 hectares environ de forêts soumises au régime forestier. Le massif le plus important, la Pinatelle a une contenance de 1200 hectares environ, et couvre un vaste plateau mamelonné situé à l'altitude de 1100 mètres entre Murat et Allanche. Les pins de la Pinatelle sont peu élevés, comme tous les arbres ayant crû à l'état trop clair. Ils offrent des formes défectueuses dues à la rigueur du climat, aux neiges qui les écrasent étant jeunes et qui brisent plus tard leurs branches, au pâturage, enfin, qui cause une foule d'accidents aux jeunes sujets. Leur circonférence atteint au maximum 1$^m$ 80. Nous sommes toutefois persuadé que ces formes irrégulières ne sont pas un défaut particulier au pin sylvestre dit d'Auvergne et nous croyons que des perchis suffisamment serrés et situés dans de bonnes conditions de végétation, soumis à des éclaircies commencées de bonne heure et répétées à courts intervalles, tous les 5 ans par exemple, produiront des arbres droits et de fûts élevés. Nous indiquerons plus loin la manière de faire ces éclaircies.

Le pin sylvestre a des emplois nombreux et fournit des produits variés. A tout âge, il donne un bois de chauffage bien supérieur à celui du sapin et de l'épicéa. On peut lui reprocher de renfermer beaucoup d'aubier et de ne former que lentement son bois parfait. Celui-ci, bien imprégné de résine, fournit des planches d'une qualité exceptionnelle comme résistance et comme durée. Toutefois, le pin est utilisable de bonne heure. Il fournit d'abord des échalas, puis des perches à houblon et des poteaux télégraphiques. Il peut être utilisé pour la fabrication de la pâte à papier et cette industrie, très répandue dans les Vosges, procure des débouchés importants et rémunérateurs. Enfin, les souches et les racines soumises, en vase clos, à la distillation produisent du goudron.

**Le mélèze.** — Le mélèze *(Larix Europea)* est l'une des essences résineuses les plus intéressantes, tant par les qualités de son bois que par son aptitude à former, avec les pâturages, les prés-bois si précieux de la région alpestre.

A l'état spontané, il existe, en France, dans les Alpes, à partir de 1200 mètres d'altitude jusqu'à 2000. Dans les régions montagneuses moins élevées, celles du massif central, par exemple, il forme quelques massifs issus de reboisements et n'ayant pas encore atteint un âge avancé.

Le mélèze vit dans tous les sols à peu près indifféremment, mais il lui faut un air sec et froid; la grande humidité lui est contraire.

Sa floraison est monoïque. Les cônes, petits, garnis d'écailles minces, naissent et murissent dans la même année. Les graines, petites et jaunâtres, munies d'une aile, se disséminent souvent avant le printemps.

Le feuillage du mélèze est formé d'aiguilles molles, d'un beau vert, qui tombent tous les ans. Son couvert est léger.

Les jeunes plants sont assez robustes; leur croissance est rapide pendant les premières années, puis se ralentit. Plus tard, ils souffrent lorsqu'ils croissent en massif, et les éclaircies sont nécessaires de bonne heure, comme pour le pin sylvestre, à un moindre degré toutefois.

Le mélèze est assez fortement enraciné. Il atteint 30 mètres de hauteur et un diamètre maximum de $0^m$ 60 à $0^m$ 80, dimensions qui sont dépassées dans des conditions spéciales de végétation et de longévité.

Le bois, de couleur brun rougeâtre, acquiert des qualités exceptionnelles de durée, de tenacité et d'élasticité qui le rendent précieux pour la construction et l'industrie.

A des altitudes inférieures, le mélèze croît rapidement, mais dépérit de bonne heure, et son bois est loin d'atteindre la perfection de celui des hautes régions. Il convient alors de ne pas le laisser sur pied plus de 60 à 100 ans, suivant les cas.

Le couvert léger du mélèze le rend propre à abriter l'herbe; il forme dans les Alpes des prés-bois excellents, qui se régénèrent naturellement par la production spontanée des jeunes plants dans l'herbe aux environs des porte-graines.

**Le pin d'Autriche.** — Le pin noir, ou pin Laricio d'Autriche, ressemble, sous beaucoup de rapports, au pin sylvestre. Comme aspect général, son apparence est plus robuste, ses aiguilles sont plus longues et plus fortes, d'un vert sombre, son feuillage est plus fourni, son couvert beaucoup plus épais. Ses graines sont plus grosses. Son bois est de qualité au moins égale à celui du pin sylvestre.

Enfin, les terrains siliceux ne lui conviennent pas, il y dépérit de bonne heure, tandis qu'il prospère dans les terrains calcaires et y acquiert de fortes dimensions. On commence à le substituer avec succès au pin sylvestre sur les sols crayeux de la Champagne.

**L'épicéa.** — L'épicéa est une essence des régions montagneuses. On le rencontre en massifs dans les Alpes, le Jura, les Vosges où il s'élève plus que le sapin et descend moins bas que lui. On l'a introduit, aussi, dans les régions de coteaux ou de plaines. Mais il y a perdu comme longévité et qualité du bois.

Ses racines sont traçantes et faibles. Ses aiguilles, courtes et dures, serrées tout autour des rameaux forment un couvert très épais. Les cônes sont d'assez grandes dimensions et formés d'écailles minces qui recouvrent des graines petites et ailées.

L'épicéa s'accommode de tous les sols, même superficiels, à cause de ses racines traçantes.

Il préfère les terrains humides.

Son bois, à texture régulière et à grain fin, est recherché surtout pour l'industrie.

# CHAPITRE V

*Choix du mode de reboisement. — Semis. — Plantations.*


**Choix du mode de reboisement.** — Nous avons arrêté notre choix sur deux essences principales : le pin sylvestre, d'abord et surtout, et le mélèze.

Quel doit être le mode de reboisement à employer pour créer des massifs de ces essences? Le semis est-il préférable à la plantation? Ainsi posée, cette question, que l'on nous a souvent adressée, ne peut recevoir de solution, car le semis devra, ou non, être adopté suivant les cas très différents qui se présentent et qui dépendent de la nature du sol et de sa couverture végétale, du climat local, etc., circonstances qui déterminent les conditions de la végétation.

Les ressources dont le propriétaire dispose doivent aussi être prises en considération. Le semis est, en général, moins coûteux, mais d'un emploi restreint et ne réussit que dans des conditions plus favorables.

La plantation est plus chère, mais convient à tous les cas, donne naissance à un peuplement plus avancé et plus vigoureux au début, plus capable de résister aux causes diverses de destruction des jeunes plants, enfin mieux disposé par l'espacement pour atteindre le but désiré. Aussi, pouvons-nous dire que le semis n'est avantageux que dans un cas, c'est quand il peut être fait avec succès sans préparation du sol. Cette culture du sol, toujours d'un prix assez élevé et nécessaire dans beaucoup de circonstances, est la même, qu'il s'agisse de semer ou de planter; alors il vaut mieux planter. N'oublions pas d'ailleurs que, dans cette étude spéciale nous n'avons pas à nous occuper des terres fertiles, cultivées, ni de terrains déjà couverts d'une végétation herbacée abondante. Nous avons affaire à des friches improductives, couvertes plus ou moins de bruyères, de fougères, à un sol peu fertile, souvent desséché, de nature généralement siliceuse et notre but est de reboiser ces friches à peu de frais. Nous allons décrire les divers genres de semis et de plantations que nous jugeons préférables et que l'expérience a démontrés pratiques et donnant des résultats assurés.

**Semis.** — Le semis de graine de pin répandue à la volée, sans préparation du sol, est très usité et donne de très bons résultats sur un terrain couvert d'une bruyère maintenue courte par le parcours des animaux. Il se fait au printemps. Les grandes pluies, habituelles à cette époque dans la région du massif central, font descendre la graine sur le sol où elle trouve à se loger et plus tard à germer. La bruyère fournit, contre les gelées printanières et les chaleurs de l'été, un abri au jeune plant qui acquiert de la force pour se faire jour dès la 2ᵉ année. Ce semis se fait aussi sur la neige, qui, en fondant, entraîne la graine et la détache de la couverture du sol. Une très bonne pratique consiste aussi à faire passer un troupeau de moutons dans les bruyères, aussitôt après le semis, pour les secouer.

Le semis à la volée est très économique. Dans le cas le plus favorable d'un terrain plat ou peu accidenté, un ouvrier peut semer un hectare dans sa journée. La quantité de graine de pin désailée doit être de 5 à 6 kilogrammes par hectare. Si cette graine est fournie par l'État en subvention, elle ne coûte que les frais d'emballage et de transport.

Si elle est achetée dans le commerce, elle peut revenir à un prix moyen de 7 fr. le kilogramme y compris le transport.

Dans ces conditions, le prix du reboisement d'un hectare pourrait être ainsi calculé :

<pre>
1 journée de semeur à 3 fr. . . . . . . . . . .    3 fr.
5 kilogr. de graine à 7 fr. l'un . . . . . .   35
                                             ─────────
                                              38 fr.
</pre>

Le propriétaire, qui récolterait lui-même sa graine, comme nous l'indiquerons plus loin, réduirait la dépense totale à une quinzaine de francs.

Le semis à la volée a l'inconvénient de ne pouvoir être employé dans les terrains nus, d'être d'une réussite moins assurée et de répartir moins également les graines et, par suite, les plants.

Le semis à la volée se rapproche beaucoup du semis naturel qui se produit spontanément aux abords des pineraies et cette comparaison permet d'apprécier toute son infériorité. Nous voyons, en effet, que ce semis se produit très lentement, très inégalement, malgré la grande quantité de semence disséminée tous les ans par les porte graines. Il se produit, au contraire, abondamment, sur le sol remué et ameubli, sur les talus des fossés nouvellement réparés, ou sur la terre rejetée hors des trous d'extraction des souches. Il est vrai que, souvent, le jeune repeuplement, très beau au début, disparaît par l'effet de la gelée ou de la sécheresse, ce qui nous fournira un argument en faveur de la plantation.

Pour que le semis se produise vite et complètement, il faut que le sol soit ameubli. La graine pénètre plus commodément dans le sol, y germe plus facilement. Le jeune plant développe sans obstacle un pivot allongé et des radicules abondantes qui pénètrent dans des couches toujours un peu humides; il se nourrit mieux et devient plus vigoureux, plus apte à résister au déchaussement et à l'effet désastreux des chaleurs prolongées qui dessèchent et durcissent la surface du sol.

C'est pour cette raison que, dans les pépinières, on ameublit le sol par une ou deux cultures préparatoires.

Donc, quand le terrain est couvert de bruyères trop fortes pour permettre le semis à la volée, il faut faire disparaître cette couverture nuisible qui retiendrait les graines et tuerait les jeunes plants, puis il faut ameublir le sol.

Faucher la bruyère est une opération souvent impraticable et toujours coûteuse. L'incinérer réussit mieux. Mais il ne faut pratiquer l'écobuage que quand l'éloignement des forêts ou des pâturages écarte tout danger d'incendie, ce qui est rare. Le plus souvent, il faudrait disposer d'un personnel nombreux pour arrêter le feu et les frais de revient seraient considérables.

Le labour n'est pas non plus à recommander. En plein, il est souvent impraticable et toujours hors de prix. Par bandes, il coûte encore trop cher. Il a, de plus, l'inconvénient d'enterrer incomplètement la bruyère qui soulève la terre et la dispose fort mal à supporter et à nourrir le jeune plant.

Le procédé pratique et économique est la préparation partielle du terrain à la pioche qui ameublit le sol, conserve l'abri, et limite la dépense au strict nécessaire.

Cette préparation pourrait être faite par bandes parallèles, tracées en plan horizontal pour éviter le ravinement par les eaux. Mais pourquoi cultiver des bandes puisqu'il suffit d'obtenir seulement des plants isolés ?

Le semis dit par places, potets ou fossettes est donc le plus économique tout en réalisant le but proposé. Chaque place sera débarrassée, à la pioche, des plantes qui la couvrent ainsi que de leurs racines, et le sol sera remué à environ $0^m$ 20 ou $0^m$ 30 de profondeur, en enfouissant le gazon la racine en l'air pour qu'il se décompose et serve d'engrais. Les dimensions devront varier suivant la hauteur de la bruyère. Il est clair que, plus elle sera haute et drue, plus la place devra être étendue pour empêcher les plants d'être recouverts et étouffés. Dans une bruyère haute, la place ne devra guère avoir moins de $0^m$ 40 de côté, dans les bruyères plus courtes ses dimensions pourront être réduites à $0^m$ 30.

Ces places seront ouvertes à $1^m$ 40 les unes des autres de centre à centre et par séries parallèles également distantes de $1^m$ 40. Il est très-utile de faire la préparation pendant les chaleurs de l'été, pour favoriser la destruction des végétaux enfouis et l'ameublissement du sol par l'action prolongée pendant plusieurs mois, des agents atmosphériques.

Au printemps, le semis sera fait en remuant la terre avec un rateau qui permettra d'opérer un léger recouvrement indispensable à la germination. La graine laissée sur le sol se dessèche, est mangée par les souris et les insectes ou germe mal. Il lui faut, au-dessus d'elle, une mince couche de terre, plus épaisse dans les terrains friables et légers, mais atteignant à peine $0^m$ 01 d'épaisseur. La quantité de 4 k. gr. de graine désailée à l'hectare est suffisante, car il suffit de quelques graines par potet, une dizaine par exemple.

On ne doit pas semer en automne, car, pendant toute la durée de l'hiver, les graines restent inutilement exposées aux causes multiples de destruction. Celles qui se conservent germent souvent trop tôt et produisent des plants précoces que les gelées printanières détruisent. Il est bon de faire les semis, suivant les circonstances locales, du 15 avril au 15 mai.

Dans les conditions que nous venons d'indiquer, il y aurait environ 5000 potets à l'hectare et le prix de revient pourrait être ainsi établi d'après les prix usités dans la région :

1° Culture du sol, 16 journées à 2 fr. 50.....   40 f. »
2° Achat et transport de 4 k. gr. de graine à 7 fr.   28   »
3° Exécution du semis, 2 journées 1/2 à 2 fr 50.   6   25
                                                  ————————
                                                  74 f. 25

Nous ajouterons, comme pour le semis à la volée, que la préparation des graines par le propriétaire ou leur délivrance en subvention réduirait la dépense à environ 55 ou 48 francs.

Si l'on veut reboiser à l'aide du mélèze, le semis offre beaucoup moins d'avantages que la plantation. La graine est souvent de mauvaise qualité, elle exige beaucoup d'humidité pour germer. Aussi, la réussite dépend en grande partie de l'abondance des pluies, elle est livrée au hasard et tout à fait incertaine.

**Plantations.** — Le mode de plantation à employer dépend de l'état du sol et de sa couverture végétale.

1° Si le terrain est couvert de bruyères ou d'herbes courtes, la plantation peut être faite sans préparation préalable. Les trous sont ouverts, à la pioche, à environ $1^m$ 40 les uns des autres.

Si le sol est dur et pierreux, il est bon de les ouvrir pendant l'année qui précède la plantation, à l'automne, par exemple, pour planter au printemps, de façon à ameublir le sol. On a soin de bien diviser la terre par quelques coups de pioche et de rejeter les pierres.

Le plant est placé debout, au fond du trou dans lequel on fait descendre de la terre meuble, puis, soulevé par de légères secousses, pour redresser les racines, les écarter et faire passer la terre entre elles. Enfin, le trou est comblé et la terre tassée. Le plant doit être enterré jusqu'au collet de la racine, ou un peu au-dessus pour tenir compte du tassement qui se produira.

2° Dans une terre légère et meuble et légèrement gazonnée, le plant peut être mis en place dans la cavité ouverte par un seul coup de pioche et formée par la tranche soulevée. On tasse, avec le pied, le plant ainsi enfermé dans la fente. D'abord incliné, il se redresse plus tard. Ce mode de plantation est rapide et économique, mais n'est praticable que dans les terres meubles. Dans un sol sablonneux très-meuble, la plantation faite avec le plantoir ordinaire, réussit très-bien. Dans ce cas, le mouvement d'oscillation de l'outil ne durcit pas les parois de l'excavation comme cela arrive dans un sol argileux.

3° Quand le terrain est entièrement nu et, par suite, desséché, les trous devront être creusés assez profondément et la terre bien ameublie, pour maintenir autant que possible la fraîcheur et permettre aux racines d'aller la chercher loin de la surface du sol.

4° Si le terrain est couvert de hautes bruyères, la préparation devra être faite comme pour le semis par places, de façon à isoler le jeune plant tout en lui conservant un abri.

Les prix de revient des plantations sont extrêmement variables et dépendent d'une foule de circonstances locales, dans le détail desquelles nous ne pouvons entrer sans dépasser le cadre que nous nous sommes imposé.

Nous citerons seulement, à titre d'exemple, les plantations qui se font annuellement dans la forêt communale de Chalinargues. Le sol provenant de la désagrégation des basaltes, est assez profond et recouvert par un gazon épais.

La plantation coûte, par hectare et à raison de 5,000 plants :

1° Extraction et emballage de 5,000 plants (accordés en subvention) à 1 fr. le mille...................... 5 f. »

2° Transport (environ 0 f. 50 le mille)........ 2 50

3° Main d'œuvre ; 5 journées de femmes à 1 f. 50 (ou 7 f. 50 par mille)...................... 37 50

Total...... ............ 45 f. »

Avec des plants achetés à la pépinière centrale d'Arpajon et coûtant, en tout, 7 f. 50 (prix des pins, livraisons de 10000 et au-dessus), la plantation reviendrait à 47 f. 50.

Enfin, avec des plants achetés chez des pépiniéristes particuliers et coûtant environ 8 fr. le mille, le prix de la plantation s'élèverait à 80 fr.

Si l'on nous demandait, d'une manière générale, quelle est l'époque la plus favorable pour planter et si le printemps est préférable à l'automne, nous répondrions, comme pour le choix entre le semis et la plantation, que nous n'en savons rien ; et cela, parce que la saison à choisir dépend des circonstances locales qui ne peuvent être enfermées dans une formule générale et absolue.

Le grand obstacle que l'on rencontre dans la région, et surtout aux altitudes considérables, consiste en l'apparition subite de la neige empêchant les travaux de plantations avant l'arrêt de la végétation dans les pépinières situées plus bas. Au printemps, le phénomène inverse se produit souvent et la neige disparaît à peine des hauteurs alors que les plants sont déjà en pleine végétation dans les pépinières. Ces difficultés sont un argument de plus en faveur des pépinières placées à proximité des terrains à reboiser.

On doit donc s'inspirer de l'observation des phénomènes locaux, et planter à l'automne dans les terrains assez frais pour que les plants puissent encore développer leurs racines et se fortifier, dans leur nouvelle station, avant les rigueurs et les dangers de l'hiver. Si l'apparition précoce de la neige empêche la plantation d'automne, on devra planter au printemps, aussitôt le sol débarrassé. Les plantations faites ainsi dans le massif de la Pinatelle, à 1100$^m$ d'altitude, aussitôt après la fonte de la neige, donnent d'excellents résultats et c'est par 100,000 plants, en moyenne, qu'elles s'exécutent tous les ans.

# CHAPITRE VI



**Choix des graines.** — Nous avons indiqué au Chapitre Ier les conditions dans lesquelles les communes et les propriétaires particuliers obtiennent des graines et des plants en subvention. Lorsqu'il s'agit d'une simple mise en valeur d'un terrain, cette ressource peut manquer et il faut alors se procurer les graines et les plants dans le commerce ou les préparer soi-même.

Les graines achetées dans les grands établissements de France ou d'Allemagne sont généralement de très-bonne qualité, mais il est nécessaire de les employer le plus tôt possible après la préparation. La graine de pin sylvestre perd rapidement de sa faculté germinative qui, de 82 % la 1re année peut tomber à 60 % la 2e et à 30 la 3e. Nous ne conseillerons pas, en général, d'en faire l'essai par la germination entre les flanelles. Cette expérience, très-simple en théorie, exige beaucoup de soins et peut induire en erreur l'expérimentateur qui ne la pratique pas habituellement. La qualité de la flanelle employée a une telle influence que le même échantillon, essayé à la sécherie domaniale de Murat avec tous les soins nécessaires, donnera par exemple 60 % tandis que, dans des conditions moins bonnes, il ne donnera que 40 %.

Les graines doivent être fraîches, d'une odeur franche, sans traces de moisissure. Leur poids n'est pas une indication de la faculté germinative. Les grandes maisons de France et d'Allemagne les vendent, désailées, à des prix très-variables suivant l'abondance de la récolte, mais se rapprochant d'une moyenne de 6 fr. 50 le kilogramme.

**Préparation économique des graines de pin sylvestre.** — Quand on a des pineraies à sa porté, on peut préparer de la graine à peu de frais et sans difficultés.

Les cônes doivent être récoltés après le 1er novembre, pour que la maturité soit complète, et avant le 1er avril, pour éviter la dissémination partielle qui s'opère naturellement aux jours de chaleurs. On les conserve à l'abri de l'humidité en attendant l'été. En juin ou juillet, on les fait ouvrir au soleil, étalés en minces couches sur des toiles posées sur le sol, toujours plus chaud que l'air ambiant. On les retourne pour les échauffer de tous les côtés. Les écailles ne tardent pas à s'ouvrir et, le soir, on agite les cônes sur une claie pour faire tomber les graines. On les rentre avant la nuit pour les soustraire au froid et à l'humidité. En 3 ou 4 jours, un cône a livré toutes ses graines de bonne qualité.

Les graines ainsi préparées sont munies d'une petite aile qu'il faut leur laisser pour en rendre la conservation plus assurée. Comme elles s'échauffent facilement, il est nécessaire de les aérer souvent. L'emploi de sacs est incommode; il est préférable de les conserver dans un tonneau placé debout et muni, en haut et en bas, d'une ouverture fermée par un volet ou par une plaque de tôle glissant entre deux rainures. Tous les 10 ou 12 jours, on vide le contenu dans un récipient et on le reverse dans le tonneau; l'aération est suffisante.

La graine désailée est d'un emploi plus sûr pour obtenir des semis uniformes; elle atteint le sol plus facilement et s'arrête moins dans la bruyère.

Le désailement se fait en battant, avec un bâton, les graines renfermées dans un sac rempli à moitié que l'on agite fortement. Il ne reste plus qu'à vanner pour disperser les ailes.

L'hectolitre de cônes, dans les années favorables, peut être récolté pour moins de 1 fr. 50. Il fournit environ 1 k. gr. de graine ailée ou 600 gr. de graine désailée. Le prix de l'hectolitre dépend, d'ailleurs, de beaucoup de conditions locales que nous ne pouvons apprécier. Nous voulons seulement prouver qu'un propriétaire soigneux pourra, dans beaucoup de cas, préparer de bonne graine à très-bas prix.

Nous ne dirons rien de la préparation de la graine de mélèze ; l'état des forêts de mélèze du massif central ne se prête pas, maintenant du moins, à la récolte économique de graines de bonne qualité. Le commerce les livre à bas prix.

**Choix des plants.** — Le succès d'une plantation dépend en grande partie de la qualité des plants. Il faut les choisir aussi jeunes que possible, car, plus le plant est âgé, plus il est difficile de l'extraire sans le mutiler, de le transporter et de le mettre en place dans de bonnes conditions. A un an, les pins et les mélèzes sont trop fragiles, à moins qu'il ne s'agisse d'une plantation en mottes. A deux ans, ils sont dans l'état le plus favorable comme force et dimensions. Les pins sylvestres de deux ans de la pépinière d'Arpajon ont $0^m 20$ de hauteur au-dessus du collet de la racine. A trois ans, les plants sont trop grands, à moins qu'il ne s'agisse des sujets étiolés de pépinières trop abritées.

La mise en place doit avoir lieu aussitôt que possible après l'arrachage, le même jour quand on le peut. Les plants, extraits avec grand soin pour conserver le chevelu, sont réunis en bottes garnies de mousse fraîche autour des racines, et transportés dans des paniers.

Les plants achetés dans le commerce ont souvent été arrachés trop tôt avant l'envoi, ils ont séjourné plus ou moins longtemps en chemin de fer et dans les gares et arrivent flétris ou échauffés. On les fait voyager encore jusqu'au terrain, et là, sous prétexte de les rafraîchir, on mutile leurs racines à grands coups de ciseaux. Puis on les plante, plus ou moins bien et quel que soit le temps. Quand ils réussissent après tant de misères, c'est une heureuse chance.

Les plants doivent avoir tout leur chevelu, les aiguilles vertes, la tige flexible ; l'écorce, ouverte avec l'ongle, doit laisser voir sa couche herbacée bien fraîche et verte. Les plants qui ont souffert de la gelée et dont les aiguilles sont jaunes ne doivent pas être acceptés, même si le bourgeon terminal est intact. Lorsqu'ils demeurent en pépinière, il ne paraissent pas souffrir, mais, transplantés, ils périssent en grande partie. Nous avons eu l'occasion d'en faire l'expérience maintes fois.

Donc, une des meilleures conditions de réussite est que les plants soient situés à proximité du terrain à reboiser. Restant peu de temps hors de terre, ils ne se dégradent pas et ne perdent pas de leur vitalité. Venus dans des conditions de sol et de climat pareilles à celles de la station qu'ils doivent occuper, ils sont bien mieux préparés à y vivre. Il y a même nécessité absolue quand il s'agit de terrains situés à une altitude considérable et qui se couvrent de neige avant que l'arrêt de la végétation ne se soit produit dans les pépinières des régions basses. L'effet inverse et aussi fâcheux se produit au printemps.

Chaque fois qu'une commune ou qu'un propriétaire particulier doit entreprendre un reboisement de quelque importance par voie de plantation, son intérêt est de créer une pépinière temporaire.

**Création de pépinières temporaires.** — La création d'une petite pépinière n'est pas chose difficile et de nature à effrayer les propriétaires qui seraient tentés d'essayer.

Il faut choisir l'emplacement en bon terrain, découvert ou très peu abrité, exposé autant que possible au nord ou à l'est et qui ne soit ni en plateau, à cause des grands vents, ni dans un fond humide favorable aux gelées.

Une clôture solide est établie avec les matériaux les moins chers, bois, pierres, ou ronce artificielle tendue à l'aide de poteaux. Il peut être utile d'entourer la pépinière d'un fossé peu profond destiné à détourner les eaux des terrains situés en amont pendant les grandes pluies.

Le sol recevra, à l'automne, une première culture, profonde, avec extraction des pierres et apport de fumier pour l'ameublir et le fertiliser.

Les semis ne doivent être faits qu'au commencement d'avril pour éviter de laisser la graine exposée trop longtemps aux diverses causes de détérioration. On donne une culture légère au sol égalisé ensuite au rateau, puis on trace au cordeau, avec une binette, des sillons parallèles distants d'environ 0<sup>m</sup> 12,

réunis par séries de 5, de façon à former des planches de 0ᵐ 60
de largeur, séparées de leurs voisines par un sentier de 0ᵐ 40
de largeur permettant une circulation facile. Il est commode
de se servir, pour creuser les sillons, d'une planche, portant
sur sa face inférieure 5 lattes à section carrée de 0ᵐ 02 de côté,
que l'on applique fortement sur le sol.

La graine est répandue dans les rigoles à raison d'environ
4 kilogrammes de graine désailée pour le pin et de 5 kilogrammes
pour le mélèze. On la recouvre de terre légère, à la main, ou
on rabat simplement les bords des sillons. Le semis est
facilité par l'immersion préalable des graines dans l'eau pendant
24 heures. La graine de mélèze exige beaucoup d'humidité
pour germer. Il est indispensable de recouvrir les planches de
mousse que l'on arrose tous les jours pendant la sécheresse et
que l'on laisse à demeure jusqu'à ce que les jeunes mélèzes
aient acquis de la force. On les abrite, ensuite, avec des
branches ou des genêts entrecroisés au-dessus des planches.

Un seul sarclage suffira, vers le mois d'août, pour détruire
les herbes trop envahissantes. A l'automne, les jeunes plants
auront été formés par une saison de végétation, comme s'ils
avaient un an, et nous les désignerons comme tels.

Au printemps suivant, on sème de nouveau et on repique,
si l'on veut, les mélèzes dans des rigoles creusées à la bêche.
Ce rigolage, inutile pour les pins, est très-favorable, mais non
indispensable, aux mélèzes.

Toutes ces opérations peuvent paraître compliquées. Mais
elles ne sont pas, en réalité, plus difficiles que de semer et de
ramer des haricots, ce que tout le monde sait faire à la campagne.

A la fin de la 2ᵉ année, la pépinière renfermera donc des
pins et des mélèzes de 1 an bons à être plantés en mottes, des
pins de 2 ans et des mélèzes de 2 ans, repiqués depuis un an,
qui peuvent aussi être plantés.

La contenance à donner à la pépinière devra naturellement
être réglée sur celle des terrains à reboiser. Pour planter
8 hectares par an, à raison de 5,000 plants par hectare, il faut
40,000 plants et l'expérience prouve que l'on peut obtenir, en
moyenne, 40,000 plants par are de pépinière. Il faudrait donc

à celle-ci une contenance de 5 ares, dont 2 seraient employés aux semis et le reste aux repiquements de mélèze, ou pour rester en jachère suivant un roulement régulier.

Une clôture en ronce artificielle (3 fr. 50 les 100 mètres), formée de deux fils tendus entre des poteaux distants de 2 mètres et munie d'une porte, pourrait coûter environ 30 fr.

Les dépenses annuelles à faire dans la pépinière peuvent être ainsi évaluées :

1° Défonçage et fumure sur un are de terrain ; fourniture de 0,30 m. cube de fumier.......................... 3 f.

    3 journées d'ouvriers à 2 fr. 50 l'une.......... 7 50

2° Culture légère préparatoire au semis ; 1 journée 1/2 à 2 fr. 50.................................... 3 75

3° Achat de 2 k. gr. de graine de pin sylvestre à 7 fr. le kil.................................... 14 »

    Achat de 2,50 k. gr. de graine de mélèze à 2 fr. 50 le k. gr.................................... 6 25

4° Exécution du semis ; 1 journée à 2 fr. 50....... 2 50

5° Récolte et mise en place de mousse et abris ; 1 journée à 2 fr. 50.................................... 2 50

6° Sarclage ; 2 journées de femme à 1 fr. 50....... 3 »

             TOTAL...................... 42 50

Dans ces conditions, le prix de revient du mille de plants serait d'environ 1 fr. Le repiquage des mélèzes éleverait à environ 2 fr. le prix des mille plants, à raison de 1 fr. par mille plants, ou de 12 fr. par are.

# CHAPITRE VII

*Traitement des repeuplements artificiels. — Eclaircies.*

**Traitement des repeuplements artificiels.** — Lorsque le reboisement du terrain est obtenu, soit par semis, soit par plantation et que les vides ont été regarnis par des plants d'une reprise assurée, quelles sont les opérations à faire pour obtenir le perchis susceptible d'abriter la végétation herbacée?

Il est nécessaire d'obtenir des arbres fortement constitués, pouvant vivre dans un certain état d'espacement sans risquer d'être déracinés ou brisés par le vent, formant un abri régulier sur le sol au moyen de cimes développées en tous sens, en évitant toutefois les formes trapues et le couvert bas résultant de l'isolement complet dès le jeune âge.

Ces conditions sont réalisées par des éclaircies commencées de bonne heure et répétées à courts intervalles.

S'il s'agit d'un semis, il faut arriver aussitôt que possible à l'espacement régulier obtenu par la plantation. Les jeunes pins souffrent, dès les premières années, du contact de leurs voisins, et celui qui prend l'essor, après les avoir écrasés, demeure souvent dégradé et déformé par la lutte qu'il a soutenue. Ils sont fréquemment accumulés par touffes, et un desserrement serait à pratiquer dès la 4e ou la 5e année si cette opération n'était à la fois très coûteuse et très délicate. Il est facile, d'ailleurs, de parer à cet inconvénient, quand la nature du sol le permet, en extrayant des plants en mottes là où ils serrés pour regarnir les vides. Cette plantation sur place est d'une réussite certaine et se fait à peu de frais. Mais elle doit être exécutée dans les deux ou trois premières années du semis, avant que les pins n'aient pris un développement qui compromette ie succès de la plantation et la rende onéreuse.

**Éclaircies.** — Il ne faut pas oublier qu'une des conditions que nous nous sommes imposées est d'opérer économiquement. Cependant, chaque fois que le propriétaire disposera des moyens et des ressources nécessaires, il sera très utile de faire une première éclaircie dans le jeune perchis résultant d'un semis, entre la 10ᵉ et la 15ᵉ année, suivant la rapidité plus ou moins grande de l'accroissement et l'état plus ou moins serré du massif. On sacrifiera tous les pins trop serrés, même bien venants, en cherchant à obtenir entre ceux que l'on conservera un espacement régulier de 1ᵐ 40 à 1ᵐ 50, et de façon à bien dégager, non seulement la cîme, mais l'ensemble des branches. Après l'éclaircie faite, les extrémités des rameaux des sujets voisins devront être très rapprochées, sans toutefois se toucher.

Dès la pousse qui suivra l'éclaircie, l'extension latérale des branches aura reformé le couvert continu destiné à empêcher la bruyère de reparaître.

Cette première éclaircie ne donnera guère de produits de quelque valeur, à moins que la forêt ne soit voisine d'un centre de consommation, mais elle est très utile au succès du résultat final. Si les bourrées ne trouvent pas d'acquéreur, il faudra se garder de les abandonner sur place, mais les recueillir et les brûler, de façon à éviter de créer des foyers de propagation des insectes nuisibles.

Dès la 2ᵉ année qui suivra cette première éclaircie, les branches latérales seront de nouveau entrelacées et une nouvelle éclaircie deviendra indispensable 10 ans ou 5 ans après, c'est-à-dire quand le peuplement, éclairci à 10 ou à 15 ans, aura atteint la vingtième année.

Ce que nous venons de dire s'applique aux semis, mais il peut être utile aussi d'éclaircir une plantation si les plants sont très-rapprochés ou si la végétation a été très-active.

Si l'on a procédé comme nous l'avons indiqué, et qu'il s'agisse d'un semis ou d'une plantation, on aura obtenu, à la 20ᵉ année, un massif complet, dont les pins, distants de 1ᵐ 50 à 1ᵐ 60 les uns des autres, seront au nombre d'environ 4000 par hectare en tenant compte du déficit causé par les divers accidents.

A cette époque, les fûts se seront formés par l'élagage naturel résultant de la chûte des branches basses, le couvert se sera relevé, et le sol, amélioré par l'apport des aiguilles et des branches mortes, se sera couvert de mousse. Une éclaircie sera devenue nécessaire. Elle portera sur les pins dominés ou trop rapprochés et aura pour effet de favoriser l'accroissement en diamètre et de conserver aux perches la forme régulière que l'état trop serré leur fait perdre. Elle devra être assez forte pour permettre à la végétation herbacée de prendre possession du terrain. Cependant, il serait imprudent d'enlever en une seule fois le matériel surabondant et il est préférable de faire deux éclaircies à court intervalle, par exemple à 20 et à 25 ans.

A 20 ans, on exploitera environ 1000 perches à l'hectare, qui produiront 50 stères. A 25 ans, on en coupera encore 1000 qui fourniront 70 stères au moins.

Après cette éclaircie, le massif sera constitué par des pins de belle venue, écartés les uns des autres de 2 à 3 mètres, et au nombre d'environ 2000, d'une circonférence de $0^m$ 35 à $0^m$ 40, d'une hauteur moyenne de 8 mètres et d'un volume total de 140 à 160 mètres cubes. Ces arbres, débarrassés en temps utile des voisins gênants, croissent rapidement et régulièrement, et l'expansion latérale de leurs cîmes obligera à pratiquer une nouvelle éclairie vers la 30e année. On enlèvera encore 1000 perches produisant environ 80 mètres cubes.

Le perchis se composera alors d'un millier de pins distants les uns des autres de $3^m$ à $3^m$ 40. Il sera généralement dans un état très-favorable à la production et au maintien de l'herbe. Toutefois, dans la suite, et pour conserver le couvert dans de bonnes conditions, de nouvelles extractions seront nécessaires en raison des dimensions acquises par les arbres.

Nous venons de décrire la manière de faire les éclaircies dans une sorte de peuplement type pour fixer les idées. Il est clair que l'époque des exploitations et le nombre plus ou moins grand de perches à faire tomber devront différer suivant l'état primitif du peuplement et la rapidité de l'accroissement, qui dépend elle-même d'un grand nombre de conditions telles que la fertilité et la profondeur du sol, l'altitude, l'exposition, etc.. Nous ne pouvons donc qu'indiquer la marche à suivre, tout le reste devra, plus tard, être décidé sur le terrain, en temps utile, et sans s'astreindre à suivre aveuglément des règles immuables déterminées à l'avance.

Les éclaircies n'auront pas seulement pour effet de disposer régulièrement le couvert et de favoriser la production de l'herbe.

Elles sont utiles, dès le jeune âge des pins, pour les préserver des accidents résultant de l'accumulation de la neige, dans une région où elle est parfois si abondante qu'elle forme, à certaines époques, sur les branches entrelacées des pins trop serrés, une voûte épaisse qui les écrase et les brise. Le dessèrement permet aux branches de fléchir et de laisser la neige tomber sur le sol.

Plus tard, les éclaircies contribuent très efficacement à donner aux pins des formes régulières et à les rendre propres aux différents usages comme bois de service. Nous avons constaté cette amélioration des formes par les éclaircies dans les vastes massifs de pins de la forêt de Haguenau (Bas-Rhin), qui faisaient alors partie de notre service. Ces pins, accusés autrefois d'être fatalement voués à une difformité devenue proverbiale, ont pris des formes régulières, à partir de l'époque où des éclaicies précoces, intelligemment conduites, ont desserré progressivement et largement les perchis. Notre opinion n'a fait que se confirmer depuis par les exemples nombreux que nous avons constatés, et nous connaissons, dans le Cantal même, de fort beaux perchis qui sont la preuve de ce que nous avançons.

Rien n'est plus commun aussi que de rencontrer des massifs de pins que les éclaircies trop tardives n'ont pu améliorer. En effet, à partir d'un certain âge, ou plutôt d'un certain état, un perchis ne peut plus être éclairci que faiblement. Les pins, crûs à l'état serré, n'ont pris que peu d'accroissement en diamètre. Leur fût, trop long et trop flexible, ne se soutient que grâce à la présence des voisins, la cime étriquée se balance au moindre vent et vient frotter et dégrader les cîmes voisines aussi misérables qu'elle. En ce cas, l'éclaircie doit être très prudente, et jamais le mal causé ne se répare.

Les différentes éclaircies faites à partir de la 20ᵉ année sont rémunératrices et donnent des produits abondants. Mais il est impossible d'en apprécier la valeur d'une manière générale. Cette valeur dépend, en effet, de la situation de la forêt par rapport aux lieux de consommation, des conditions de la vidange, des usages industriels auxquels les pins sont employés dans la région, etc...

Tel perchis ne donnera que du bois de chauffage, tandis qu'à 30 kilomètres de là il serait converti en pâte à papier, ou en étais de mines, ou en perches à houblon et en poteaux télégraphiques. Notre but n'est pas, d'ailleurs, de détailler les emplois à donner aux produits des exploitations. Les propriétaires sauront bien leur donner la destination la plus avantageuse.

# CHAPITRE VIII



*Semis de plantes fourragères. — Défensabilité.*

**Semis de plantes fourragères.** — Si le semis ou la plantation ont été bien faits et ont donné naissance à un massif complet, la bruyère aura disparu, à peu près complètement, dès la 12ᵉ ou la 15ᵉ année, plus tôt ou plus tard, suivant l'espacement des plants et l'activité de la végétation. Détruite par le couvert et l'apport des aiguilles, elle sera remplacée d'abord par de la mousse. Mais, quel que soit le désir que l'on éprouve à voir l'herbe se produire et à l'utiliser, il faut attendre que l'élagage naturel des branches basses ait relevé le couvert et que les perches soient devenues assez fortes pour se défendre contre les accidents résultant du contact des animaux. Cet état n'existe que vers la 20ᵉ année, et trop de hâte pourrait compromettre le résultat final. C'est donc environ entre la 15ᵉ et la 20ᵉ année qu'il sera bon, après l'exploitation de la 1ʳᵉ éclaircie dans la plantation et de la 2ᵉ dans le semis, de favoriser l'introduction des plantes fourragères. Il suffira de semer à la volée, au printemps, un mélange de graines des différentes espèces convenant à la région. Cette dernière condition est indispensable, car c'est en vain que l'on chercherait à obtenir dans un terrain sec ou élevé les graminées des prairies humides et basses. Il faut se contenter des plantes des pâturages voisins, situés dans des conditions de sol et d'altitude semblables, et chercher à les introduire dans la forêt.

Un moyen très simple et peu coûteux consiste à ramasser les débris et balayures des greniers à foin et à disséminer ces résidus sur le sol. Ils renferment des graines qui ne tarderont pas à germer. Toutefois, ce procédé est incomplet, car les prairies ne renferment pas toutes les plantes des pâturages ;

en outre, les graines n'arrivent pas toutes à maturité à la même époque et les foins ne renferment forcément que les semences de quelques espèces. Bien que très-défectueux, ce procédé donnera quand même des résultats lorsque le propriétaire ne voudra pas acheter les graines, et il est bien préférable de l'employer plutôt que de ne rien essayer.

Le meilleur moyen consiste à semer des graines achetées dans le commerce et à réunir les espèces principales, celles qui prospèrent le mieux en situations variées, par exemple :

Parmi les graminées :

L'avoine élevée ou fromental *(avena elatior)*.
L'avoine des prés *(avena pratensis)*.
L'avoine jaunâtre *(avena flavescens)*.
L'agrostide commune *(agrostis vulgaris)*.
Le brôme des prés *(bromus erectus)*.
Le dactyle pelotonné *(dactylis glomerata)*.
La fétuque des prés *(festuca pratensis)*.
La fétuque bleue *(festuca cœrulea)*.
La fétuque duriuscule *(festuca duriuscula)*.
La flouve odorante *(anthoxanthum odoratum)*.
La houque molle *(holcus mollis)*.
Le paturin des prés *(poa pratensis)*.

Parmi les papilionnacées :
Le trêfle des prés *(trifolium pratense)*.
Parmi les alcheminacées.
L'*alchemilla alpina*.

Au lieu de faire un mélange de ces graines, il sera bon de les semer par places, en séparant les espèces, et au moyen d'un léger grattage du terreau. Les jeunes plantes ne risqueront pas d'être détruites par leurs voisines trop vigoureuses, et constitueront des centres de production d'où les graines se dissémineront plus tard et formeront, aux environs, le mélange des espèces, d'après les conditions de la végétation.

**Défensabilité.** — Après avoir indiqué les moyens pratiques de constituer un pâturage sous bois, il est bon d'envisager la manière d'en user sans le dégrader. Il est évident que l'entrée devra en être interdite aux bestiaux tant que l'herbe ne sera pas fortement installée ; il ne faut pas risquer de faire dévorer, de suite, les herbes à peine sorties de terre. Cette question est à apprécier sur le terrain. Quant à l'âge du perchis en état d'être livré au parcours, nous n'avons guère à en parler, car nous avons dit que l'herbe se produira naturellement vers la 20ᵉ année, après la 1ʳᵉ éclaircie. A cet âge, les perches sont généralement assez fortes pour se défendre contre les dangers auxquels les bestiaux les exposent. Ces dangers sont nombreux. Les animaux brisent les brins trop faibles, dégarnissent de leurs branches ceux qui résistent, arrachent les écorces en se grattant. Il est faux de dire que les bestiaux ne s'attaquent qu'à l'herbe. En été, ils dévorent les feuilles ; au printemps, les jeunes pousses gorgées de sève sont pour eux une friandise, surtout si l'herbe est rare. Les essences résineuses ne leur inspirent pas une répugnance invincible.

Le propriétaire soucieux de ses intérêts devra donc réglementer, lui-même, le pâturage, en n'introduisant les moutons et les vaches sous bois qu'à partir du moment où la forêt sera assez forte pour se défendre.

La détermination du nombre de bestiaux à admettre au parcours est aussi très importante, en raison des dégâts causés individuellement par chacun d'eux et dont la forêt et le pâturage ne peuvent supporter qu'une certaine somme.

Les usages locaux ont établi que l'on peut admettre au parcours, dans le Cantal, par hectare de forêt :

2 gros animaux, bœuf, vache ou cheval, ou 3 génisses ou taureaux entrant dans leur 3ᵉ année d'âge (doublons), ou 4 veaux d'une année (bourrets), ou 5 moutons.

Mais ces règles s'appliquent à des futaies pleines ou à des taillis complets renfermant peu d'herbe, et il est certain qu'un pâturage bien constitué pourra nourrir une quantité de bestiaux plus considérable, que l'expérience seule pourra déterminer dans les différents cas.

Dans les bois communaux, le droit au parcours est souvent estimé à 6 fr. par tête de gros bétail et par an. Cette évaluation est certainement inférieure à la réalité, car, dans les mêmes conditions, le parcours se paie jusqu'à 15 fr. dans les forêts particulières. En adoptant le chiffre moyen de 10 fr., on voit que le propriétaire réaliserait un bénéfice de 20 fr. par hectare, ce qui constituerait un beau revenu à ajouter au prix de vente des coupes d'éclaircies.

Si nous avons parlé de l'introduction des moutons en forêt, c'est par ce motif que ces forêts sont, d'après notre programme, formées de pins ou de mélèzes ou, quelquefois, d'épicéas, dont les moutons n'attaquent plus les écorces à partir d'un âge peu avancé. Mais le nombre des bêtes ovines devra être limité avec soin de façon à éviter la destruction des pâturages.

# CONCLUSION

Le meilleur moyen de convaincre nos lecteurs serait évidemment de leur montrer certaines forêts, certains peuplements, à différents âges, à différents états.

Ce moyen n'est malheureusement pas à notre disposition et il a fallu nous borner à affirmer des faits et à citer des exemples. Nous prévoyons des objections auxquelles il est bon de répondre à l'avance. On nous dira, par exemple, que, sous tel massif de pins, il n'y a pas d'herbe, que, sous tel autre, bien qu'âgé de 20 ans, il y a de la bruyère. A cela, nous répondrons : L'observation est, sans doute, très exacte, mais il ne faut pas, de parti pris, en tirer des conclusions défavorables.

S'il n'y a pas d'herbe sous un certain perchis, c'est qu'il est trop serré, la phase de l'herbe n'est pas encore arrivée ; s'il y a de la bruyère sous un autre, c'est parce qu'il était trop clair au début ; la bruyère n'a jamais disparu, elle a simplement persisté.

On se demandera, aussi, ce qui arrivera quand la futaie trop âgée, dépérissante, devra être entièrement renouvelée. Nous n'avons pas poussé nos prévisions jusque-là. L'important est de reboiser, d'abord. Puis, dans 60, 80, 100 ans, nos successeurs décideront ce qu'il y aura à faire. Il est bien évident qu'avec le pâturage il ne pourra être question de régénération naturelle, au moins dans la plupart des cas. On peut prévoir, dès aujourd'hui, l'emploi des repeuplements artificiels, par coupes successives pour ne pas interrompre l'exercice du pâturage.

Si, après avoir procédé comme nous l'avons indiqué, un propriétaire éprouvait des mécomptes ; si, en raison de la composition presque exclusivement siliceuse du terrain, de sa sécheresse s'ajoutant à la fois à la pente considérable et à l'exposition chaude, il ne vient sous le perchis qu'une herbe peu abondante, trompant les espérances, ce massif créé restera un résultat utile acquis. On pourra le conserver tel et le traiter en vue de la production du bois. En tous cas, il n'aura pas diminué la quantité de l'herbe, car, dans les conditions que nous venons d'énumérer, il n'y en avait pas.

Si ce perchis de pin est situé dans la région du sapin, rien ne sera plus facile, alors, de le transformer en sapinière. Il suffira de planter des sapins, ou de semer dans des potets de la graine de cette essence, sous le couvert protecteur indispensable à la réussite.

Les sapins grandiront sous l'abri, puis, quand ils seront assez forts pour se défendre eux-mêmes, on les découvrira au moyen de 2 ou trois coupes. Cette transformation est passée dans la pratique courante dans les Vosges et donne les meilleurs résultats.

Peut-être, dira-t-on, aussi, que nous nous exagérons l'importance du libre parcours dans les friches comme obstacle aux reboisements. Les deux exemples que nous allons citer prouvent que la résistance des populations ne se manifeste pas seulement par le refus de reboiser. Elle prend souvent un caractère de violence et d'acharnement qui oblige à reculer les Maires les mieux intentionnés et les Conseils municipaux qu'ils avaient réussi à entraîner dans la voie du progrès.

En 1863, le service forestier reboisa deux friches, soumises au régime forestier, appartenant à deux sections d'une commune du Cantal, au moyen de semis de graines de pin fournies par la sécherie domaniale de Murat et de plants de la pépinière d'Arpajon. L'État contribua aux dépenses par ses subventions, évaluées à 1,458 fr. et le département par l'allocation d'une somme de 400 fr. pour frais de main-d'œuvre.

Le terrain, de la contenance d'environ 18 hectares, est situé en pente rapide variant de 45° à 70°. Il est sujet aux éboulements et aux érosions et ne produit que de la bruyère et quelque peu d'herbe. Le reboisement était donc, à tous les points de vue, des plus utiles.

Les travaux avaient réussi. Les habitants les ont entièrement détruits par le pâturage, en arrachant les plants et enfin, par l'incendie, et cela avec tant de persévérance que, 5 ans après, il ne restait plus aucune trace du reboisement. Une enquête judiciaire n'a pu, malheureusement, amener la découverte des coupables protégés par l'entente et la complicité de tous. Aujourd'hui, ces terrains sont improductifs, la commune refuse toujours de les reboiser de nouveau et le service forestier n'y peut rien.

Il y a 25 ans que ces faits ont eut lieu. Aujourd'hui, ils se passeraient exactement de la même manière.

Une commune du département du Cantal possède de grandes étendues de terrains stériles, schistes quartzeux couverts, uniquement, de bruyères vigoureuses. Nous avions décidé le Maire de cette Commune à entreprendre des reboisements et à faire un semis de graine de pin, sur 5 hectares, à titre d'essai. La graine était accordée en subvention, les travaux devaient être payés sur les fonds départementaux et exécutés par les soins du service forestier. Il n'en coûtait donc aux habitants ni dépenses, ni soucis, pour commencer une œuvre utile qui eût enrichi la Commune.

Il y a quelques jours seulement, le Maire, découragé, nous ramenait les graines, la seule nouvelle de leur arrivée avait causé dans la population un tel mécontentement et soulevé de telles clameurs qu'il se se déclarait obligé de renoncer au reboisement. Il nous disait, en parlant des bruyères qu'il s'agissait de reboiser : « Ils y mettraient le feu ».

Ces deux exemples prouvent que nos appréciations ne sont pas exagérées. Le principal obstacle à la mise en valeur des terrains a bien son origine dans le pâturage. Que l'on donne le moyen d'exercer le parcours, utilement, dans les terrains reboisés, que l'on favorise la production de l'herbe, et les habitants, si réfractaires aujourd'hui, seront les premiers à demander le reboisement. On verrait alors disparaître ces vastes étendues stériles, affligeantes à contempler, car elles sont une preuve de l'ignorance et de l'entêtement d'une certaine partie de la population, chose pénible à constater, à notre époque de progrès.

Il ne faut donc pas nous accuser, car nous prévoyons aussi cette objection, de pousser aux reboisements par massifs clairs, d'engager à créer une forêt médiocre surmontant un pâturage médiocre, aussi, au lieu et place d'une futaie serrée en raison du tempérament de l'essence et traitée uniquement en vue du bois. A cela nous répondrons : Ceux qui reboisent pour créer une forêt savent ce qu'ils font et nous n'avons rien à leur apprendre quant au but poursuivi. Peut-être trouveront-ils dans notre travail des indications pratiques utiles mais qui ne les détourneront nullement de leur voie.

Quant aux communes, qui ne reboisent pas à cause du pâturage, personne ne pourra justement nous reprocher de les engager à créer des forêts claires, et nous répétons, encore une fois : mieux vaut une forêt claire qu'une bruyère.

La forêt améliore le sol. C'est là une vérité connue depuis longtemps. Elle le fixe sur les pentes, et cet effet est d'autant plus marqué et plus utile que la pente est plus forte et que le terrain est naturellement plus ingrat. Reboiser, c'est donc transformer un mauvais sol, le rendre susceptible de production, le mettre en valeur, et cela sans labours, amendements, irrigations, opérations trop coûteuses. La forêt en tient lieu et travaille à l'amélioration lentement, mais sûrement.

Nous avons été encouragé à écrire cette étude par les témoignages de concordance de vues et d'observations qui nous ont été fournis par plusieurs forestiers.

Un Inspecteur des Forêts, très bon observateur et très familiarisé avec les phénomènes offerts par la végétation dans les forêts de la région, nous écrivait : « Je suis convaincu qu'en moins de 15 ans on a transformé, dans ces conditions (sol ayant un peu de fraîcheur), une abominable lande de bruyères, un terrain ruiné, entrecoupé de plaques de terres à nu (résultat des sentiers de moutons), en un joli bois, ayant une végétation herbacée suffisante pour permettre, sans inconvénient sérieux sauf dans les pentes assez fortes, l'introduction de 3 à 5 moutons à l'hectare. Les gens du pays vont généralement à 10, 12 et même 15 moutons; mais c'est beaucoup trop, et, en peu d'années, ils font reparaître les myrtilles d'abord et la bruyère ensuite. » Il s'agit là d'une pineraie du département du massif central qui en renferme le plus et dans lequel les forêts de pin sylvestre n'occupent pas moins de 45,000 hectares.

Un autre encouragement, très précieux pour nous, est celui qu'a bien voulu nous donner un forestier éminent, dont les enseignements, basés sur une connaissance profonde de la forêt, ont laissé un souvenir aussi sympathique que durable dans la mémoire des anciens élèves de nombreuses promotions de l'Ecole de Nancy.

Consulté sur l'opportunité de publier les résultats de nos observations, il nous écrivait ces quelques lignes que nous avons plaisir à citer : « ...... Ne craignez pas de marcher ; faites du pré-bois ; prêchez-le sur tous les tons ; qu'il soit en pin ou en mélèze, riche ou pauvre, il rendra les plus grands services au plateau central et produira de l'herbe et du bois. Que l'un ou l'autre soit plus ou moins abondant, qu'importe ? Etablissez que le bois est nécessaire pour obtenir de l'herbe, vous serez dans le vrai, et, dans l'application, les résultats seront ce que le hasard probablement les donnera, plus ou moins bons, plus ou moins beaux, mais infiniment préférables à la bruyère et aux grèves qui enlaidissent et stérilisent la Corrèze. »

Comment arriver à obtenir ces résultats ? Nous ne nous faisons pas d'illusions. Ce n'est pas en écrivant un livre que l'on remue les montagnes, et, en recommandant, sans démonstrations pratiques, de reboiser des landes stériles et inhabitées, on s'expose à prêcher dans le désert.

Le moyen serait celui-ci : Que des propriétaires intelligents et entreprenants veuillent bien en faire l'expérience peu coûteuse. S'ils possèdent déjà une pineraie à l'état de massif serré, qu'ils l'éclaircissent et sèment des graines fourragères, sur une petite surface ; un ou deux hectares suffisent. La réussite les encouragera à semer de la graine de pin.

Que les Maires prennent cette initiative, ainsi que les Membres des Conseils électifs, propriétaires dans le pays, dont le privilége et le devoir sont de se rendre utiles à leurs concitoyens, même, s'il le faut, en combattant leurs erreurs, et tous auront accompli un travail utile, modeste par ses moyens, fécond par ses résultats. Ils auront contribué dans une mesure, si petite qu'elle soit et cependant importante si elle est continuée avec persévérance, à cette œuvre qui doit être le but de tous nos efforts : l'amélioration du sol de la France, de l'outillage, de la production et de la richesse nationale.

Mai 1890.

# TABLE DES MATIÈRES

## CHAPITRE VI.



## CHAPITRE VII.



## CHAPITRE VIII.

Aurillac. — Imprimerie A. Pinard, imprimeur de la Préfecture, rue de la Bride, 8.